林秋香の湯水護一身

水漾人生，健健美！

　　水，是人類除了五大營養素（維他命、礦物質、蛋白質、脂肪、碳水化合物）之外另一大必需要素，人體脫水或缺乏水分，都會造成健康的威脅，而女人更需要一些湯湯水水的飲食來讓容貌更加美麗，身材更加纖細與嫵媚。

　　水也能治病強身，如何利用水與五大營養素結合，烹調出美味又養生的飲食，這可要有一些靈巧的創意與健康的概念，才能料理出對全家有益又美味營養的食物。

　　每日的膳食常常因為習慣及生活作習與工作關係而變得單調，又失去營養的均衡，尤其上班族更會有一些營養不均、熱量卻過高的隱憂。

　　其實餐餐外食的朋友，少有機會品嚐食物原本的甘甜清香味道，同時也是纖維質與維生素攝取不足的一群。如果一鍋湯包含了所有必需營養素，或一鍋健康、營養又強身的粥品，甚至由果汁中攝取必需的維生素與纖維質，都是讓身體充份補充營養素的好方法，同時也讓這些湯湯水水的食物，藉由水分的幫助，達到吸收與滋養的功效，讓家人健康更有保障。

　　這本食譜無論男女老少，都可挑選出適合自己的保養方式，同時作法簡單，又好吃、又有養顏美容、延年益壽及強身保健的功能，我把平時我最常使用到的一些養生湯品與茶飲、粥品全都記錄在這本食譜上，希望讀者們與我一樣健康快樂又美麗，祝福您！

3

水漾人生，健健美！

林秋香

湯品

4

目錄

甜點

粥品

茶飲

7

目錄

果汁

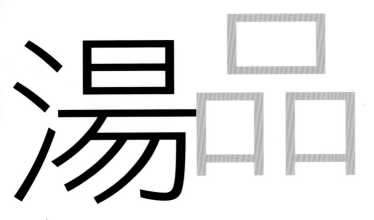

湯品

煲好湯要注意食材的挑選與火候的掌控，同時了解喝湯者的需要與湯品呈現出來的美味與食療功能，清湯、濃湯各有巧妙。男生女生攝取的湯類也有不同，春夏秋冬更應注意到食材的選擇，有時季節的蔬菜煮的湯還有小兵立大功的調養功能，而燉補的湯品除了選材之外，更應了解藥材及食用的目的與需求，不可一味地進補反而造成身體的負擔，簡單一碗通才湯與溫腎補陽的羊骨湯，都一樣對人體有很好的食療作用，但食用的對象與功能不同，所以，更要用心去了解家人的健康與需求，才能照顧全家的身子。

要花長時間的燉品可一次多做些，分裝冷凍保存，食用時，蒸透就可享受熱騰騰的湯品。如不費時的湯品，每次需要時才烹煮，有些中、草藥需要熬煮較長時間，也可先多煮一些藥汁放入冰凍，每次使用時取出與其他食材一起燉煮，可節省時間，同時也可使湯汁清澈爽口。

湯品的烹調可變化出不同的風味、成品，長時間的燉煮方式為較濃郁的口感，短時間的烹調可使食物的維生素與纖維質較完整。夏日以清爽的湯品較消暑、開胃，冬日可選擇濃郁溫潤的燉品更能驅寒暖身。食材與烹調方式不同，呈現的口感與功效也不同，喝湯的人當然心情也會有驚喜與感恩。快樂的心境可使人體產生活力與抗病能力，喝湯養生可在每日飲食中實行。

湯品常用特殊食材

柿餅：含果糖、甘露醇及維生素C，清熱潤心肺、降壓、止血、預防便秘、止咳與改善慢性支氣管炎。

天麻：鎮靜、鎮痛，對眩暈、頭痛、因身體虛弱引起的症狀，與肢體麻木及風寒、濕氣所引起的風濕性關節炎有改善作用。

狗尾草：健脾、利濕、強筋骨與清熱解毒、行氣化瘀。

花膠：含豐富蛋白質、磷質與膠質，滋陰潤燥、養顏美容、滋潤臟腑、強化骨質與抗老化。

冬蟲夏草：益肺補腎氣、增強抵抗力與補血強化體能，對腎虛、哮喘有改善功能。

轉骨烏骨雞 <small>(2人)</small>

材料

狗尾草100g、九層塔頭50g、川七15g、黃耆20g、
西洋參、當歸各10g、黑棗、蜜棗各3粒、烏骨雞1/2隻、
料酒200cc、鹽少許、老薑3片。

作法

1. 將藥材洗淨，烏骨雞剁小塊。
2. 藥材加酒及6杯水煮滾，轉小火熬2小時，取汁加入烏骨雞及蜜棗、黑棗、薑片等放入電鍋燉30分鐘，加鹽調味即可。

PS 一般轉骨方會建議連續食用一周至10天，所以，可一次將藥材熬多一點後，分裝放冰箱，每次燉煮時比較方便，烏骨也可用公雞（男生用）或小母雞（女生用）取代。

功效

疏筋理氣，健脾去濕利筋骨，去瘀傷及氣瘀、血瘀，對發育中的青少年有不錯的疏通血脈與強筋骨的作用。

雙耳翠衣湯 （2人）

 ## 材料

川耳（乾）30g、白木耳乾20g、西瓜翠衣200g、
里脊肉100g、鹽2/3小匙

作法

1. 將川耳、白木耳泡水至軟，去蒂撕小片後洗淨。
2. 白木耳放入滾水中氽燙一下，西瓜翠衣去綠色硬皮
   後，白色及少許紅色的部份切塊。
3. 水5杯煮滾，放入雙耳及西瓜果肉煮約10分鐘，加入肉
   片煮熟加鹽調味即可。

PS 西瓜翠衣就是西瓜白色果肉及綠皮部份，可拿來打汁及煮
湯。

功效

西瓜翠衣又稱「天生白虎湯」，有解熱及消暑
作用，同時加入雙耳更能預防心血管硬化，也
能疏通阻塞瘀血及降血脂與消暑解煩。

14

參耆燉石斑魚湯

參耆燉石斑魚湯 （2人）

 材料

石斑魚（中段）300g、薑片4片、酒15cc、鹽1/2小匙、
西洋參、枸杞各10g、黃耆15g

作法

1. 將藥材加5碗水煮20分鐘。

2. 將石斑魚切厚片後放入煮滾的藥汁中，加酒及鹽、薑
片調味，煮約5～6分鐘即可。

PS 石斑魚可用鱸魚或鯉魚、鰻魚取代。

功效

對剛生產完後、病後、術後等虛不受補的病人
可多加利用來食補，也可增加產婦奶汁分泌，
增強病人的體力與恢復力。

蘆薈燉瘦肉 （2人）

 材料

新鮮蘆薈120g、瘦肉100g、枸杞10g、鹽1/4小匙

作法

1. 將蘆薈洗淨橫切後，用湯匙挖出透明膠質部份後切塊。

2. 瘦肉切片後與蘆薈一起放鍋內，加3杯（約750～800cc）水及枸杞燉30分鐘，食用時加入少許鹽調味。

PS 蘆薈也可買市售的成品，有多種口味，要燉肉可用原味，如買新鮮蘆薈，一定要去掉外皮綠色部份。

功效

蘆薈可修補細胞、降肝火保護肝臟，預防身體發炎症狀，並且抗自由基，維護身體的細胞不被破壞，是養肝護肝及預防病毒的食材。

蘆薈燉瘦肉

涼瓜黃豆排骨湯 （2人）

材料

涼瓜300g、蜜棗3粒、香菇4朵、干貝2粒、黃豆半杯、
豬小排骨150g、酸菜80g、甘草3g、鹽1/2小匙、
大蒜6粒、胡椒粒10粒

作法

1. 排骨切塊洗淨加入蜜棗、干貝（剝開）、黃豆及4杯水
   燉30分鐘。
2. 將涼瓜切大塊與甘草、鹽、香菇、大蒜、胡椒、酸菜
   等同加入作法1.中，再燉30分即可。

PS 黃豆烹調時間較長，可以先蒸多一些放冰箱冷凍備用。

功效
消痘解毒，去濕熱症、清熱利尿、消暑氣、降
肝火明目。

涼瓜黃豆排骨湯

玉竹杜仲補腰湯 (2人)

 材料

豬尾椎骨600g、老薑4片、米酒1杯、鹽1/3小匙、杜仲、黃耆各15g、玉竹、黃精、黨參、續斷各10g、紅棗10粒、當歸5g

 做法

1. 紅棗去籽，尾椎骨汆燙洗淨。
2. 將所有藥材及食材放入燉鍋或湯鍋內加5杯水，燉90分鐘。

PS 杜仲燉煮前先用手折一折，使杜仲膠較容易釋出。
續斷可補肝腎，利血脈。

功效

補充鈣質強化筋骨，產婦、孕婦、老人、腰痠背痛都可使用，還可增強腎氣預防流產，女性朋友食用可預防經期腰痠。

玉竹杜仲補腰湯

銀杏枸杞鱸魚湯 （2人）

 材料

鱸魚前段（連頭）450g、山藥120g、薑2片、酒1大匙、
鹽1小匙、銀杏、天麻各30g、右柱參10g、枸杞5g

作法

1. 將藥材加5碗水，小火煮20分，再加入鱸魚與薑片、酒
　　等火小再煮10分。

2. 山藥去皮切大塊放入湯中煮5分鐘，加鹽調味即可。

PS 如不喜歡魚腥味可先將魚煎過再煮湯，湯汁顏色會較奶
　　白，但也比較油膩。魚頭部份可用鮭魚、鯉魚、鰱魚等取
　　代。

功效

改善老人眩暈健忘，對暈眩性機能障礙引起平
衡不良，或虛性高血壓與膽固醇異常，都可加
以食用，改善健忘頭暈與吸收不良等銀髮族老
化現象。

銀杏枸杞鱸魚湯

福圓麻油雞

福圓麻油雞 （4人）

材料

土雞半只、桂圓60g、老薑100g、枸杞10g、麻油3大匙、
料理米酒40度半瓶

作法

1. 老薑洗淨切薄片，用麻油炒香至金黃色後，放入桂圓肉
   炒一下，再加入雞塊炒至半熟後轉小火。
2. 將酒倒入鍋內加300cc水，小火煮20分鐘，再加2杯水。
3. 將枸杞加入麻油雞中，再煮10分鐘即可。

PS 1.先用較濃的米酒把雞肉煮熟再加入水烹煮，可讓雞肉的
　　　　肉質鮮美甘甜，薑只要洗淨外皮不要去除，可增加利水
　　　　效果。
　　　2.福圓就是桂圓

功效

補血驅寒、溫暖內臟及滋補身體，同時也是補
血養神志的好吃料理。

當歸首烏羊骨湯 （2人）

材料

羊小排4支、薑片4片、蒜1/2根、酒100cc、鹽1/2小匙、
當歸6g、枸杞、何首烏各10g、炙甘草、桂枝各3g

作法

1. 羊排（或羊肉帶骨）加入藥材、酒、薑及5杯水燉40分。
2. 蒜苗切片，加入湯中加蓋調味即可。

PS 羊排可買一般羊肉或整片羊小排，取下骨頭較多肉較少的
部份來燉湯，其他部份可煎烤成羊排。

功效

溫腎、補陽益精氣，暖四肢及腰腹虛冷，治腰
膝痠軟，無力、臉色蒼白、怕冷、貧血等症狀
都可改善。

當歸首烏羊骨湯

四神豬腱湯 （4人）

材料

四神材料1帖（50元）、當歸1片、米酒100cc、
鹽1小匙、石柱參10g、薑3片、豬腱300g、紅棗6粒、
白胡椒粒約10粒

作法

1. 豬腱洗淨切塊，四神材料洗淨，紅棗去籽。
2. 所有材料放入燉鍋或湯鍋中加1000cc水（約5杯）烹煮
   90分鐘，起鍋淋上少許酒。

PS 豬腱有帶一根腿骨可請商家代剁，燉四神湯火候要小，時
間越久，湯頭更濃郁，胡椒粒也可用胡椒粉取代。

功效

補氣健脾胃，改善胃口不佳、吸收不良、疲倦
精氣神不足、及抗老、增強記憶，調節免疫功
能，暖身固腎氣。

29　四神豬腱湯

30

藕片柿餅排骨湯

藕片柿餅排骨湯 (4人)

材料

鮮藕、排骨各300g、酒30cc、柿餅2個、薑片3片、
鹽1小匙

作法

1. 鮮藕洗淨去除藕節切片，排骨汆燙洗淨，柿餅切成4塊。
2. 將所有材料放入湯鍋內加7杯水，小火煮40分再加入鹽調味。

PS 鮮藕蓮要清洗乾淨，以免有泥土味及寄生的水蛭，柿餅中
藥店有售。

藕片柿餅排骨湯

功效

冬秋盛產柿餅，對呼吸道有保護及化痰、止咳
作用，加上蓮藕，可預防秋燥傷肺引起燥咳，
或鼻粘膜乾燥出血等現象，同時也可清熱治血
尿及小便疼痛，可利尿通便除煩去虛熱（更年
期常有的症狀）。

干貝蓮子冬瓜湯 （2人）

 材料

干貝40g、鮮蓮子100g、冬瓜450g、香菇4朵、高湯2杯、
酒5cc、薑絲適量、鹽1/2小匙

作法

1. 干貝用冷開水泡30分鐘，冬瓜洗淨外皮切塊，香菇泡
軟備用。

2. 將4杯水及高湯加入冬瓜、蓮子、香菇與干貝等煮滾，
轉小火煮20分加鹽、酒及薑絲調味。

PS 冬瓜連皮一起煮，可利尿、消水腫，用當季盛產的新鮮蓮
子，煮的時間短又快又好吃。

功效
夏季消暑、寧心神、利濕氣、清熱邪與健脾胃
的清涼補湯。

干貝蓮子冬瓜湯

天麻參耆燉九孔 （4人）

材料

土雞肉1/4隻（約450g）、九孔8粒、黨參、黃耆各15g、黑棗6粒、炙甘草2片、天麻15g、鹽1/2小匙、酒100cc

作法

1. 將土雞肉切塊用滾水淋洗一下，九孔用茶瓜布及牙刷洗淨，藥材清洗乾淨。
2. 將所有食材放入燉盅或電鍋蒸40分鐘，起鍋前淋少許酒。

PS 酒先放一些，起鍋再淋少許，可提升食物的香氣及鮮度。

功效

改善記憶衰退及健忘、恍神與頭痛、頭暈目眩，同時改善身體衰弱、視力減退及恢復體力。

蔬菜鮭魚湯

蔬菜鮭魚湯

🍚 材料

鮭魚120g、牛番茄1粒、花椰菜、洋芋各80g、蒜2粒、
洋蔥約15g、鹽1/2小匙、酒5cc

🍴 作法

1. 將綠花椰菜洗淨切小朵，洋芋及番茄切成條狀，蒜切片、鮭魚切片，拍上少許酒。
2. 水4杯煮滾放入洋芋、洋蔥絲、番茄等煮3分鐘。
3. 將鮭魚及綠花椰菜放入2.湯中，煮約3分鐘，加鹽調味即可。

PS 綠花椰菜要吃脆脆的口感較佳、營養成分也不易流失，鮭魚不可久煮以免太硬。

功效

補充孕婦或產婦的營養，可提供小寶寶健全腦力及智力發展，並且有益視力，大人食用可抗老化及減少中風與維護血管彈性。

紅莧菜豆腐湯 （2人）

 材料

紅莧菜300g、豆腐1塊、無花果6粒、高湯2杯、
鹽1/2小匙、車前子10g、茯苓15g

作法

1. 車前子用沙布袋包好與茯苓、無花果加4杯水煮20分
   鐘，取出沙布袋。
2. 將紅莧菜洗淨切段、豆腐切塊。
3. 將高湯加入藥汁煮滾後加入紅莧菜及豆腐，煮約3～5
   分鐘，加鹽調味即可。

PS 紅莧菜也可用白莧菜取代，煮湯時，也連根部一起煮，藥
汁部份也可一次煮多點，分小瓶子冷藏，每次取一瓶使
用。

功效

利尿、血尿及尿道炎、眼睛紅、便秘或身體有
炎疾發燒時，都可食用，可以改善身體發炎的
症狀及退火解熱，紅莧菜加上車前子，可滋陰
通便又補血及明目（含維生素A）。

紅莧菜豆腐湯

味噌蘿蔔絲湯 （2人）

 材料

蛤蜊、蘿蔔各300g、味噌20g、蔥花15g、柴魚粉5g

作法

1. 蘿蔔洗淨連皮切絲，蛤蜊吐沙後洗淨。
2. 水5杯煮滾加入蘿蔔絲，煮約6～8分鐘。
3. 味噌加少許水調味後，倒入蘿蔔湯中混合均勻，加入柴魚粉調味。
4. 將蛤蜊加入湯中煮至蛤蜊殼打開熄火，撒上蔥花。

PS 蘿蔔皮及葉子含豐富維生素A，不要丟棄，味噌不要太早加入味道才香醇。

功效

消除面皰、清胃熱，幫助腸胃清除廢棄物，預防宿便與肥胖。

味噌蘿蔔絲湯

洋芋燉牛肉 （4人）

🌿 材料

牛腱600g、洋芋、胡蘿蔔、牛番茄、洋蔥各200g、
番茄醬一杯、橄欖油15cc、大蒜6粒、西芹80g、
鹽1小匙、紅酒100cc、桂葉4片

🍴 作法

1. 牛腱切塊用滾水淋洗一下，胡蘿蔔、馬鈴薯去皮切塊、洋蔥切大丁、番茄切半、西芹切細丁。

2. 取一深鍋倒入橄欖油，加入洋蔥、大蒜略為爆香，再倒入番茄醬及紅酒，混合後倒入牛肉塊及蓋過牛肉的水，再將番茄、西芹、桂葉及胡蘿蔔煮滾後，轉小火燉煮40分鐘。

3. 將洋芋加入牛肉中加鹽混合調好味，續燉煮約20分鐘即可。

PS 洋芋後放以免烹煮時間太久而散開，牛肉需要長時間燉煮，所以，每次可料理1斤～1斤半備用。

功效

豐富的茄紅素，抗老化掃除自由基，可預防血栓及保護身體細胞及血液的再造機能，同時也是保肝料理。

洋芋燉牛肉

黨參栗子軟骨湯 （4人）

材料

黨參15g、鮮栗子100g、蜜棗2粒、紅棗3粒（去籽）、
黑豆100g、薑2片、酒50cc、豬軟骨（帶肉部份）450g、
鹽1小匙

作法

1. 豬軟骨切塊汆燙，栗子、黑豆洗淨。
2. 黑豆先加一碗水蒸30分鐘。
3. 將所有食材放入電鍋或燉盅內，加入8杯水燉1小時，
   起鍋時淋上5cc酒提香。

PS 乾栗子要先泡水挑去外面殘殼，洗淨才可使用，新鮮栗子
市場青菜攤販有售，軟骨部份可用豬小排替代。

功效

栗子健脾、暖胃、強身健體，腎虛脾虛引起的
腹瀉都可調理，血壓太低，氣不足、疲倦或貧
血也可多食用，加入軟骨可預防骨質疏鬆症。

黨參粟子軟骨湯

丁香通茱湯

丁香通菜湯 （2人）

材料

空心菜300g、丁香魚60g、大蒜10粒、高湯1杯、
鹽1/2小匙

作法

1. 空心菜洗淨切段，丁香魚洗淨瀝乾。
2. 高湯加入4杯水，丁香魚及大蒜煮約6～8分鐘，加入切
   段的空心菜，煮3分鐘即可加鹽調味。

PS 通菜就是空心菜，以宜蘭礁溪的溫泉空心菜口感最佳。

丁香通菜湯

功效

春至夏季為空心菜盛產季節，空心菜是消暑熱
及降血壓、解肝火、燥熱的蔬菜，春季養肝多
吃空心菜，夏季消暑熱及燥火旺引起的眼睛紅
腫、流鼻血、高血壓，也可吃通菜改善，加入
小魚干與大蒜，更有補鈣及抗菌作用。

牛蒡鳳爪湯 （2人）

 材料

牛蒡150g、雞爪4隻、蜜棗4粒、紅棗4粒、鹽1小匙、
薑3片、酒1大匙

 作法

1. 牛蒡輕刮外皮，洗淨切段，浸入淡鹽水中5分鐘。
2. 鳳爪切段，汆燙後洗淨。
3. 將牛蒡、鳳爪、蜜棗、紅棗等加鹽、酒、薑片及6杯
   水，小火煮30分鐘即可。

PS 鳳爪就是雞爪，可挑仿土雞，也可加入一隻雞翅一起煮，
牛蒡泡入淡鹽水中，可保持顏色也可去掉牛蒡的澀味。

牛蒡鳳爪湯

功效

補血潤膚、淨化血液、增強肝臟排毒功能，補
充精力。牛蒡是維持精力與淨化血液的優質蔬
菜。

牛蒡鳳爪湯

冬瑤燉四寶 （2人）

 材料

竹笙1根、乾蓮子50g、香菇4朵、蘿蔔100g、豬肚120g、
紅棗6粒、白胡椒粒20粒（用濾紙包好）、干貝2粒、
鹽1小匙、酒50cc、薑3片

🍴 **作法**

1. 竹笙泡水，洗淨切段汆燙，豬肚用滾水汆燙後加薑、
　　蔥、酒，煮10分鐘再洗淨切片，蘿蔔切塊、干貝加溫
　　水浸泡，香菇泡水至軟洗淨備用，紅棗去籽。

2. 將所有材料與45cc酒與5杯水放入電鍋內，蒸或燉煮1
　　小時，起鍋時加5cc酒提香。

PS 豬肚一次買一粒商家會幫忙洗淨，只要用滾水稍加汆燙，
　　再加薑、蔥、酒煮一下即可，切片分裝，也可拿來切絲炒
　　或加入酸菜湯中，或加入蹄筋、排骨等燉湯都可以。

功效

調整腸胃功能、強化血管彈性，又可延年益
壽、防止細胞老化，是美食也是養生料理。

冬瑤燉四寶·

52

歸耆花生燉豬腳

歸耆花生燉豬腳 （4人）

 材料

豬腳600g、花生100g、薑3片、酒50cc、黃耆20g、
當歸10g、紅棗、黑棗各5粒、八角1粒、花椒10粒、
桂皮、茴香各5g、丁香2粒、鹽少許

 作法

1. 豬腳與花生分別汆燙。

2. 全部放燉鍋或燉盅，加入5杯水及藥材、酒、薑、鹽等
慢火燉半小時，取出香料後再燉1小時。

PS 八角、花椒、桂皮、丁香、茴香等用濾紙袋包起，燉煮至
1/3小時時，取出以免味道太強烈。也可用一般湯鍋來烹
調，但水要多2杯。

功效

八角、茴香等香料有暖胃和祛寒的功效，產婦
或經期中的婦女有胃或腹部冷痛可加以利用，
加入當歸、黃耆與棗類更可調和血脈、潤膚，
治療血壓過低、頭暈等現象，產婦食用有通
奶、增加乳汁分泌以及補氣功效。

當歸麻油蟹 （2人）

 材料

紅蟳1隻（沙母也可）、麻油1大匙、薑50g、米酒100cc、
山藥麵線1束、枸杞10g、黃耆20g、鹽1/4小匙

作法

1. 將紅蟳洗淨去內臟及不能食用部份後再洗淨，蟹身切
塊，蟹螯部份用剁刀拍裂，放在盤上備用，枸杞、黃
耆加1杯水蒸20分鐘。

2. 麻油炒香薑片至金黃色後，淋在處理好的螃蟹上，再
將米酒、黃耆、枸杞的湯汁一起淋在蟹身上，再蓋上
蟹蓋入蒸鍋內蒸10～12分鐘。

3. 將水煮滾放入山藥麵線煮熟，放入蒸好的麻油蟹中食
用。

PS 將水煮滾才放入蟹大火蒸，才能保住美味，把蟹蓋蓋在蟹
身上，蒸時才不會讓蟹肉變老，蟹螯蒸的時間要久一點，
所以，蟹身蓋上蟹蓋，可保持蟹肉的鮮嫩度及保持蟹黃的
彈性，選購活的才不會有過敏現象。

功效

補血、美膚、豐胸、通乳，適合做月子婦女食
用，女性可預防肌膚皺紋的產生，同時補氣又
補血及補充優質蛋白質。

蟲草燉鴿肉 （2人）

材料

鴿1隻、酒100cc、薑6片、山藥120g、鹽1小匙、麥門冬、
西洋參、枸杞、北沙參各10g、甘草3g

作法

1. 將鴿洗淨，放入鍋內加酒、薑、鹽及藥材5碗水後，燉
   或小火煮30分。
2. 將切塊的山藥加入蟲草鴿中再燉20分。

PS 鴿子可剁開成半隻，烹調時間較短，若完整的烹煮要1小
時，也可用雞肉取代。

功效

清心肺燥熱之火，乾咳、氣喘、虛弱、呼吸時
氣熱、氣短、老人更適合食用。

57　蟲草燉鴿肉

花膠冬菇燉鴨

花膠冬菇燉鴨 <small>（2人）</small>

 ## 材料

花膠70g、鴨1/4隻、老薑4片、米酒100cc、蜜棗3粒、
鹽2/3小匙、香菇6朵、當歸、枸杞各10g

作法

1. 花膠泡水2～3小時（需換水），再將砂鍋或湯鍋加水
   煮滾後，熄火放入花膠燜泡至水冷，換水重複一次。
2. 將花膠切塊，鴨洗淨切塊，用滾水淋洗一下，香菇泡
   軟洗淨。
3. 全部材料放入燉鍋內加5碗水，燉1小時。

PS 花膠在乾貨店可買到，一定要發至軟化才能烹調。

功效

滋陰補氣、補充膠質及鈣質，對更年期的口乾
舌燥、頭暈、貧血、下午時身體虛熱、手掌心
熱等陰虛現象，或盜汗失眠都可改善。

甜品常用特殊食材

燕窩：含豐富胺基酸與多醣體成分，是營養極高的滋補聖品，能避免季節交替時產生的敏感體質與乾燥
　　　肌膚的困擾，同時可使精神與體力維持良好狀態，是男女養生美容的食物。

無花果：具滋陰養胃氣、開胃及潤腸助消化、抗發炎功效，含有糖類及枸櫞酸、蘋果酸、酶等營養成分。

山粉圓（又稱山香）：含植物果膠、纖維質，有清熱利濕、解毒、行氣、散瘀作用，加水後膨脹成10倍
　　　左右，可作為減肥食物，日本的零食有很多添加山粉圓，可增加飽足感。

甜品

甜品具潤肺、美顏、清熱、提神、怯寒、補氣、滋補養顏、補中益氣、和胃潤肺……等療效,雪蛤、雪耳、蜜棗、山楂、薏仁……等,都是甜品中很重要的食材。

夏天的綠豆沙、馬蹄露等消暑解熱的甜品;秋天燉煮百合糖水、南北杏糖水等潤肺滋養的甜湯;冬天時,則有黑糯米、紅豆沙等補血、益氣的湯水,自製這些甜品簡單又經濟,幾乎都可在此單元中學到。

如何料理甜食也是一門學問,簡單的烹調過程反而讓食物的養分更能保存,利用一些有益身體的新鮮食材來烹調甜品,一定比高熱量的糕餅類來得更健康。甜品也是滋養身體的一種選擇,不同季節有不同的甜品,不妨利用甜品來改善體質及保養身體與抗老化、維持青春與活力。

百合:利尿、清熱潤燥、止咳、安神清心除煩燥,可當美食又具療效。

蘆薈:含植物性蛋白質、胺基酸、維生素、礦物質,能降火氣除肝火、清宿便、調整體質、抗菌及養顏美容,被譽為21世紀的最佳保健食物。

雪蛤:補虛、助發育、增加性功能與補充荷爾蒙,對體質衰弱或神經衰弱,有促進新陳代謝的功效。

西參紅棗燕窩 (4人)

 ## 材料

燕餅4片、西洋參3錢、紅棗15粒、冰糖60g

 ## 作法

1. 將燕餅泡水4小時後,撕開並用流動的水漂洗出細毛, 再將雜質挑出,瀝乾水分裝在大一點的容器。
2. 煮開約600cc水後沖泡燕窩約10分鐘,並用筷子攪拌一 下。
3. 紅棗去籽與西洋參一起放入燉盅內(或陶鍋、不鏽鋼 鍋)加入1000cc水,燉約30分鐘。
4. 將燕窩瀝乾水份放入西洋參、紅棗水中再燉10分鐘, 加入冰糖混合即可。

PS 冰糖不需太多,以免熱量過高,燕窩也可用市面上販售的 即食燕窩,可將西洋參、紅棗水煮好後,每次一匙燕窩加 入250cc的西洋參、紅棗水食用。

功效

美容養顏,滋潤肌膚及修護細胞與抗老化,同 時可預防呼吸道的疾病,如燥咳、乾咳與氣 喘,尤其老人與小孩更需要調理。

西參紅棗燕窩

西參紅棗燕窩

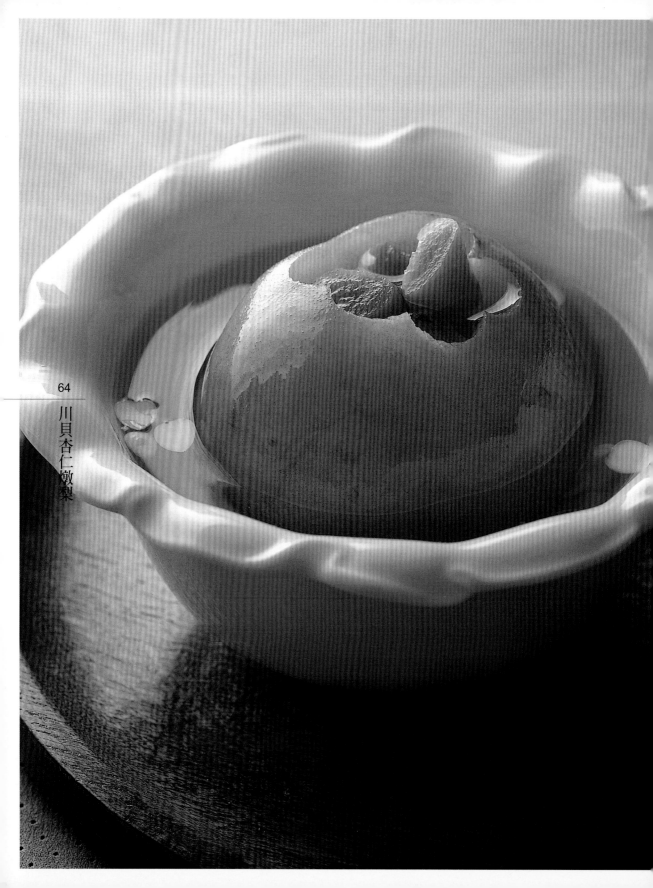

川貝杏仁燉梨

川貝杏仁燉梨 （2人）

材料

高山梨（或蜜梨）1個、川貝粉5g、柿餅1粒、杏仁15g、
麥芽10g

作法

1. 將梨洗淨外表，挖出梨心後放入深碗中。
2. 將柿餅切成小塊放入梨中，加入川貝粉、杏仁、麥芽
   與1杯水，蓋上保鮮膜，放入電鍋中蒸1小時即可。

PS 麥芽及柿餅在中藥房有售，梨子可挑大一點的。

功效

止咳、化痰、平喘，對久咳成喘的慢性咳有改
善功效。

紅茶杏仁凍 （2人）

材料

紅茶2包、果凍粉（吉利T）8g、鮮奶300cc、糖粉50g、冰糖15g

作法

1. 將紅茶泡滾開水600cc，5分鐘後，取出茶包加入冰糖拌勻。
2. 果凍粉混合糖粉後，加入鮮奶隔水加熱至80度左右，再混入杏仁粉充份攪拌，過濾後放入容器內冷藏至結凍。
3. 將杏仁凍切塊，放入紅茶中食用。

PS 1.杏仁粉可挑選市售一種磨好的，香氣與口感都不錯，過篩濾過後，杏仁凍的口感更嫩滑可口。
2.果凍粉又稱吉利T。

功效

美膚、潤肺，可當飯後甜點，紅茶也可解膩。

紅茶杏仁凍

安神益智甜粥 （4人）

材料

紫米、桂圓肉各100g、蓮子150g、山藥粉、冰糖各50g、
益智仁15g、柏子仁30g

作法

1. 將紫米洗淨，益智仁、柏子仁用濾紙袋裝好後與
   蓮子加水6杯蒸40分鐘，挑出藥包。
2. 將桂圓加入1.料中混合再蒸20分。
3. 將山藥粉加1杯水調和倒入2.中加入冰糖後再蒸10
   分鐘。

PS 山藥粉可請中藥舖代磨，一次可磨半斤當太白粉來使用於
苟芡料理。

功效

紫米補中益氣，山藥粉健脾胃、強身益氣，蓮
子、桂圓、柏子仁與益智仁補氣安神，潤養臟
腑，對老人頻尿、失眠、健忘都可改善。

安神益智甜粥

馬蹄小米露 （2人）

材料

糯米粉15g、糯小米1杯、馬蹄、冰糖各100g

作法

1. 馬蹄洗淨切片，與洗淨糯小米一起加水煮成粥狀。
2. 將冰糖加入小米中，再將糯米粉調水後，倒入小米露中混合均勻。

PS 加入糯米粉可使口感更滑順與增加補氣效果。

功效

補脾、健胃、增強吸收及消化功能，除煩、消暑、潤五臟及改善皮膚燥癢。

馬蹄小米露

冬瓜糖蓮子湯 （2人）

🥗 材料

冬瓜200g、糖蓮子100g、紅棗8粒

🍴 作法

冬瓜去皮切小方塊，加入糖蓮子及去籽紅棗與適量水燉
30分鐘即可。

PS 糖蓮子在市場的乾果類中有售，冬瓜籽去掉，口感較好。

功效
安心神、清心、明目、穩定情緒。

白果奶豆漿 （2人）

材料

白果（真空包裝）50g、豆漿350cc、牛奶350cc、山藥粉
30g、果糖適量

作法

1. 將牛奶、豆漿與山藥粉混合，小火加熱至濃稠狀。

2. 白果汆燙後，加入1.中淋上果糖食用。

PS 豆漿可用便利店或早餐店的即可，挑選有機品更好。

桑椹鮮果盅

桑椹鮮果盅 （2人）

 ## 材料

芒果50g、火龍果100g、桑椹果50g、優酪奶100cc、
優格1罐

 ## 作法

1. 火龍果以挖球器挖出果肉，外皮留作容器，芒果去皮
   切塊。
2. 將優格拌入優酪奶混合後，倒入火龍果的容器中。
3. 將火龍果、芒果、桑椹果一起放入優酪奶中。

PS 桑椹果可在盛產時買大量，用水煮20分鐘加入冰糖再煮10
分鐘，放涼分裝冷凍，可打奶昔或拌沙拉及作成水果盅時
使用。

功效
美白肌膚、淡化斑點及柔軟筋骨，強化腰膝功
能。

參棗薑汁豆花 （2人）

 材料

老薑50g、市售豆花一盒（約350g）、黃冰糖15g、
西洋參5g、紅棗5粒（去籽）

作法

1. 將老薑磨泥取汁。
2. 紅棗、西洋參加500cc水煮10分鐘熄火。
3. 將冰糖加入2.的藥汁中拌勻，加入薑汁及豆花食用。

PS 市售傳統豆花最適合拿來作這道甜品，可只買豆花不加任
何配料，回家後與西洋參、紅棗搭配。

功效

清除疲勞、改善更年期不適，健腦、促進血液
循環與補氣。

蔘棗薑汁豆花

黑豆核桃露 （2人）

 材料

熟黑豆60g、核桃100g、糖蜜、山藥粉各15g

作法

1. 將黑豆、核桃放入果汁機中，加入800cc水打成漿。

2. 將1. 倒入鍋中加入山藥粉混合，小火加熱煮成稠狀，食用時加糖蜜混合即可。

PS 黑豆一次可煮半斤放冰箱中。

功效

健脾胃、補腎氣、增強腦力與精力，促進新陳代謝能力。調節免疫功能，糖蜜可補充礦物質，製造優秀細胞。

黑豆核桃露

芝麻奶酪 （2人）

 材料

鮮奶油50cc、牛奶100cc、水300cc、吉利T2g、
山藥粉10cc、糖15g、芝麻粉3g

作法

1. 將吉利T粉、糖、牛奶、鮮奶油、山藥粉混合後，小
火加熱至80度左右熄火，倒入容器內。

2. 撒上芝麻粉放涼冰鎮即可食用。

PS 1.加入山藥粉可增加功效及口感滑嫩。
2.吉利T粉又稱果凍粉。

功效

滋潤光滑肌膚，增加頭髮的養分與烏黑。

薑汁燉奶 （2人）

材料

蛋白2粒、牛奶400cc、薑汁15cc、果糖10cc、山藥粉5g

作法

1. 將蛋白打散加入牛奶與山藥充份攪拌後分裝碗內，蓋上保鮮膜放入蒸鍋內，以中火煮開後，轉小火蒸20分鐘。
2. 將薑汁加入燉好的牛奶蛋白中，加入果糖食用。

蒸蛋時蓋上保鮮膜避免水分滴入蛋汁中，火不能太大，以免蒸出蜂巢式的蛋，水與蛋會分離不好吃。

功效

健美身材、豐胸、美膚、改善脾胃虛弱、吸收不良等現象。

82

薑汁燉奶

83

薑汁燉奶

珍珠雪蛤銀耳湯 (2人)

🍃 材料

雪蛤50g、銀耳10g、紅棗10粒、冰糖40g、珍珠粉2g

🍴 作法

1. 將水1400cc煮滾後，加入半碗冷水，沖泡雪蛤3小時。

2. 挑除雪蛤雜質及筋膜後洗淨，並用薑、蔥及1大匙酒加入水中煮滾，汆燙撈出，泡冷水2小時。

3. 將銀耳、紅棗煮30分鐘，加入冰糖及雪蛤，煮滾熄火撒上珍珠粉即可。

PS 1.雪蛤可一次處理多些放冰箱冷凍。
　　　2.銀耳先泡軟撕小塊。

珍珠雪蛤銀耳湯

功效

養顏美容、美白抗皺、補充膠質及荷爾蒙使青春再現。

珍珠雪蛤銀耳湯

糖蜜百合

糖蜜百合 （2人）

 ## 材料

新鮮百合100g、糖蜜15cc

作法

1. 洗淨百合並剝成一片一片，將邊邊黃色部份削掉後，放入滾水中煮3分鐘，撈出放涼。
2. 將糖蜜淋在百合上食用。

PS 新鮮百合市場有售，要剝好後洗淨泥土才不會影響口感。煮百合的湯汁可當飲料飲用。

功效

紓緩壓力及改善更年能期易怒、健忘與煩躁不安，並補充礦物質，穩定情緒。

奶茶綠豆凍 （2人）

材料

綠豆仁50g、綠茶粉2g、牛奶500cc、冰糖30g、吉利T5g

作法

1. 綠豆仁洗淨加300cc水，蒸熟加入冰糖，並加入吉利T粉混合後倒入模型中冰涼。
2. 綠茶粉加少許水泡開，加進牛奶後，再放入冰過的綠豆凍。

PS 吉利T粉先用少許水調開後，才倒入熱綠豆沙中混合，比較能充份混合。也可用洋菜粉，口感較硬。

功效
消暑氣、抗老化、滋潤肌膚，對抗自由基。

奶茶綠豆凍

蘆薈覆盆子優格

蘆薈覆盆子優格

 材料

罐裝即食蘆薈80g、覆盆子優格1罐

 作法

將覆盆子優格調入罐頭蘆薈中即可。

PS 也可買回新鮮蘆薈去皮後,取下膠質部份切塊,放入電鍋中蒸好,加冰糖調味。罐頭即食蘆薈方便又好吃,適合上班族。

功效

塑身、通便,平坦小腹,同時可保肝除疲勞。

奶香藕露 （2人）

 材料

藕粉、糖藕各30g、鮮奶油15cc

 作法

1. 將糖藕切小丁蒸10分鐘。

2. 藕粉用冷開水調勻後，加入熱開水調成透明糊狀，加
入果糖（或蜂蜜）調味，並淋入鮮奶油及蒸好的糖
藕。

PS 藕粉一定要加熱至透明才可食用，可用微波或直接倒入鍋
內煮成濃稠狀。

功效

降壓、安神、改善失眠、開心、解鬱除煩，適
合更年期食用。

奶香藕露

紅棗杏仁銀耳湯

紅棗杏仁銀耳湯 （2人）

🥗 材料

紅棗10粒、杏仁15g、銀耳（白木耳）15g、木瓜100g、
冰糖30g

🍴 作法

1. 銀耳泡軟撕小塊汆燙後，與去籽紅棗、杏仁等放入鍋
   內，加3杯水蒸30分鐘，加入冰糖調味。
2. 將去皮木瓜切小丁加入1.中，再蒸5分鐘即可。

PS 木瓜挑選較硬有點綠皮的，煮後不會太爛，也可用蒸的方
式，但水要多1杯。

功效

健胃、清除宿便、抗老化、美容及潤膚。

山藥芙蓉羹 （2人）

材料

牛奶500cc、土雞蛋2粒、山藥粉、冰糖各30g

作法

1. 將雞蛋打開後，蛋黃與蛋白分開打散，備用。
2. 牛奶調勻山藥粉後，小火加熱成濃稠狀加入冰糖，與蛋黃煮開攪拌。
3. 再將蛋白倒入2.中混合加熱，至蛋白變白色即可熄火。

PS 蛋白加入不可煮太久，否則蛋液太老不滑口就影響口感，挑選土雞蛋較好。

功效

豐胸、美膚、補充營養，對發育中的少女、產婦及營養不均衡的婦女朋友，是經濟實惠又有效用的甜品。

山藥芙蓉羹

陳皮紅豆湯 （2人）

 材料

紅豆4兩、陳皮15g、冰糖60g、湯圓100g、薑3片

作法

1. 將紅豆泡水1小時，陳皮泡水至軟，刮除內部白色部份後切小丁。

2. 紅豆加入陳皮與適量水、薑片蒸或煮成紅豆湯，加入冰糖煮融化，備用。

3. 將湯圓煮熟加入紅豆湯中即可。

PS 1.紅豆可一次蒸一斤分小袋放冰箱使用。
2.陳皮去掉白色部份才不會有苦味。

功效

利水、健胃、消水腫及厚實腸胃，適合產前或產後及經前水腫。

陳皮紅豆湯

無花果雪梨銀耳

🌾 材料

無花果50g、梨1粒、銀耳15g、冰糖60g、比沙參10g

🍴 作法

1. 梨洗淨外皮去籽切塊,白木耳(銀耳)泡水至軟撕小朵汆燙一下,備用。

2. 將無花果、梨子、比沙參、銀耳放入鍋內加水燉30分鐘,加冰糖調味。

PS 1.白木耳汆燙一下去除微酸的味道。
2.無花果在市場賣乾果的地方可買到。

功效

對皮膚燥癢、呼吸、鼻腔熱氣及胃熱脹氣等,都可改善,同時可滋陰、潤肺氣。

無花果雪梨銀耳

山粉圓果凍 （2人）

材料

山粉圓1大匙、吉利T粉3g、果寡糖15cc、檸檬適量

作法

1. 吉利T粉加入50cc水調勻。
2. 山粉圓加入300cc滾水中加入吉利T粉後，熄火拌勻，加入果寡糖混合放入模型。
3. 檸檬切片加入冰水與果寡糖，拌勻成糖水，加入山粉圓果凍食用。

PS 亦可將蜂蜜水與檸檬汁調冰水後把山粉圓切小塊來食用。

功效

減肥、塑身、增加飽足感、消暑及通便。

山粉圓果凍

104

鮮果珊瑚露

鮮果珊瑚露

🥗 材料

芭樂、芒果、西瓜各100g、珊瑚草（泡過水）50g、
蜂蜜1/2大匙

🍴 作法

1. 珊瑚草洗淨用熱開水洗一下，加入300cc水及蜂蜜打汁。
2. 將水果切塊拌入珊瑚露中食用。

PS 水果可自行搭配，但以低糖為主，也可全部加入果汁機中
打成汁飲用。

功效

補充維生素C，通便塑身、清腸抗老化、掃除
自由基，增加飽足感。

香蘭椰漿粥 （2人）

🌿 材料

圓糯米1杯、椰漿200cc、冰糖50g、香蘭葉約6片

🍴 作法

1. 洗淨香蘭葉及糯米並煮成粥後，挑出香蘭葉。

2. 加入冰糖及椰漿混合即可食用。

PS 1.冰涼後的椰漿香蘭粥更好吃。
　　2.香蘭又稱斑蘭草，藥店可買到。

香蘭椰漿粥

功效

保肝、消除疲勞、補氣、健胃及消暑氣。

香蘭椰漿粥

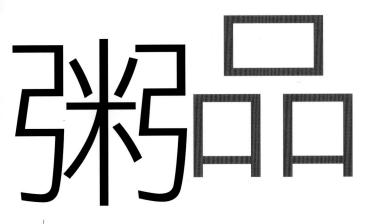

粥品

喝粥是歷代養生名家李時珍所推崇的養生方法之一,煮粥時的用料所含的營養成分,再藉著穀物的米精之氣能使服用者有暖胃、爽口與舒暢的感覺之外,更可增加脾胃功能快速地攝取到營養成分與米精的滋養,達到恢復體力與消除疲勞的功效,早上喝粥有暖胃醒腦的好處,粥品可同時加入蛋白質類與蔬果類,對忙碌的現代人來說,可謂是一道均衡飲食的料理。

粥品對有胃潰瘍的人也許會有胃酸反應,若加入一斤陳皮或用糙米來替代白米,都可改善這種現象。粥品既容易消化又快速被吸收,加入一些時蔬或菇菌類,又有很好的養身及抗病能力。也可加入一些中藥材一起熬粥,在享受溫暖好喝的粥品時,又可達到治病的療效。煮粥如用生米時間較長,也可用白米飯或糙米飯及雜糧飯來煮粥,時間上可縮短2/3,方便省事,美味度也不差,對忙碌的上班族來說,是很適合的一種煮粥方式。

好喝的粥品如果有鮮美的高湯當湯底,只要加入些時蔬就很美味了。善用四季當令食材、可調養身體的中藥材與補充營養的蛋白質食物,用一鍋好粥品取代一餐,喝粥養身體並不難,是調理健康的好方法。

粥品常用特殊食材

芡實:含蛋白質、糖類與維生素,有收斂及滋養、強壯健脾、止瀉與補腎益精作用,亦可改善婦女分泌物過多的問題。

菇類:含有鍺元素及多醣體與胺基酸,可淨化體質,增強解毒、抗病毒能力,及強化肝與腎的功能,降血糖及預防肥胖。

巴戟天:含維生素C、糖類,有補腎、助陽、強筋骨、去寒濕功能,對腰痛、陽萎、小便頻數、肌肉萎縮都有幫助,也是抗老藥材。

黑豆:解毒淨化血液,防止皮膚黑斑與長暗瘡,增加體力,改善過敏性體質,同時也可強精及增加分泌乳量。

鮑魚:含豐富蛋白質與必須胺基酸,可強化視力及修護身體細胞組織,保護肝功能、預防腦血管疾病與健全免疫系統功能。

鮮魚海藻粥 （2人）

 材料

洋蔥100g、番茄1粒（約100g）、薑絲適量、
石斑魚肉120g、高湯2杯、飯2碗、鹽、酒各1小匙、
海藻15g

作法

1. 洋蔥切細末，番茄汆燙去皮切小丁，魚去骨切塊備用。

2. 高湯加入4杯水煮滾，加入白飯攪散後小火煮10分鐘。

3. 將洋蔥末、番茄丁及魚肉等加入作法2.的粥中，再加入
鹽、酒調味，再煮6分鐘熄火。

4. 將海藻沖泡熱開水2分鐘後，與薑絲一起加入煮好的魚粥
即可。

PS 魚肉可用鱸魚、鯛片、鱈魚等較無魚刺的魚來取代，白飯
也可用白米來取代，烹煮時先用水煮15分鐘，加入高湯再
煮即可。

功效

促進代謝功能，預防高血壓與維持血管彈性，
同時也可幫助發育，及增加蛋白質攝取。

鮮魚海藻粥

豌豆雞絲粥

豌豆雞絲粥 （2人）

🥗 材料

紫洋蔥100g、碗豆仁50g、雞胸肉1/2個、雜糧飯2碗、
枸杞10g、鹽1/2小匙、香菇醬油、酒各10cc

🍴 作法

1. 將雞胸肉加6杯水及鹽、酒等煮10分鐘，取出雞胸再放入雜糧飯拌勻後，小火煮10分鐘。
2. 紫洋蔥切細末，雞胸撕成細絲，枸杞用開水沖洗一下備用。
3. 將作法2.放入煮好的雜糧粥中煮滾即可熄火。

PS 雜糧飯可用雜糧米取代，但烹煮時間要1小時，可先把雜糧飯用電子鍋煮好，分袋裝好放冷凍庫，使用方便。

功效

預防心血管或腦血管的阻塞，與維持良好彈性抗老化，預防老人視力退化，與眼球黃斑部病變等視力問題，同時也可降膽固醇與維護心臟功能。

蒜子田雞粥 （2人）

 材料

田雞腿120g、大蒜10粒、蒜苗1根、高湯2杯、
糙米飯2碗、鹽1小匙、酒10cc

作法

1. 將田雞腿及大蒜洗淨，田雞用滾水淋洗一下，蒜苗斜切成絲，備用。
2. 高湯加4杯水煮滾放入糙米飯拌勻，小火煮15分鐘，再加大蒜、田雞、酒、鹽等再煮10分鐘。
3. 起鍋前加入蒜苗即可。

PS 糙米飯可用糙米取代，但烹煮時間必需要1小時以上，可用電子鍋煮好糙米飯後，放入冷凍庫中，使用較方便省時，市面上有一種專門煮糙米的電子鍋，方便又可煮活性糙米飯，口感與營養成分加分。

功效

糙米清腸胃、排毒素、降膽固醇，其中的〔γ-胺基酸〕營養成分還可產生酵素來幫助蛋白質、脂肪、礦物質分解，縮短代謝時間。蒜素，又有抗氧化、抗病毒及預防流行性感冒功能，這道粥品是健腦及降膽固醇的好選擇。

蒜子田雞粥

黨參山藥芡實粥 （2人）

🍚 材料

黨參5錢、山藥4兩、尖糯米2/3杯、芡實1兩、枸杞3錢

🍴 作法

1. 將黨參用熱開水泡軟、切小段，糯米及芡實洗淨，山藥切丁。
2. 將黨參、糯米、芡實加6杯水煮25分鐘。
3. 將山藥、枸杞加入作法2.中再煮5分鐘即可。

PS 若容易脹氣、消化不良者，可用一般白米或糙米取代糯米。

黨參山藥芡實粥

功效

改善糖尿病患者容易飢餓，肌肉快速消失、體能下降、腹瀉、頻尿及氣虛、疲倦等現象。

黨參山藥芡實粥

甘草大棗養生粥 （2人）

 材料

甘草3錢、浮小麥1兩、紅棗6粒、黨參3錢、雜糧飯1碗

 作法

1. 將所有藥材洗淨，紅棗去籽。
2. 水6碗煮藥材10分鐘，加入雜糧飯再煮15分鐘即可。

PS 可加雞絲成高湯煮成鹹味粥品，或不加任何調味料，煮成一般原味粥品，素食者可食用。

甘草大棗養生粥

功效

改善更年期精神官能症候群，易怒、易哭、心神恍惚、煩躁鬱悶、坐立不安及情緒低落、失眠等問題，壓力過大時也可食用。

甘草大棗養生粥

山藥菠菜粥

山藥菠菜粥 （2人）

材料

粳米1杯、高湯2杯、豬肝3兩、菠菜4兩、枸杞3錢、
蒜末、薑末各1小匙、酒10cc、鹽1小匙、胡椒粉適量

作法

1. 將米洗淨加5杯水煮25分鐘後，再加入高湯煮滾。
2. 豬肝切片，用熱開水洗一下，菠菜切絲、山藥切丁
   後，加入1.的粥中加入薑末、蒜末及鹽、酒、胡椒粉
   等煮滾，即可灑上枸杞子混合。

PS 豬肝顏色太暗紫或沒有彈性，煮出來的口感會太硬，挑顏
色較淡的粉肝，切薄片後用熱開水淋洗一下，煮出來的粥
較不混濁。

功效

補血健脾胃，對口乾舌燥、皮膚乾燥或有糖尿
病現象與容易疲勞，都有改善功能。

時菇防癌粥 （2人）

🌿 材料

乾香菇4朵、鴻喜菇50g、美白菇50g、茯苓5錢、
黃耆5錢、糙米飯2碗、蒜苗1根、高湯2杯、鹽1小匙、
美極鮮味露1cc

🍴 作法

1. 香菇泡水至軟、切條狀，菇類去蒂撕小朵、蒜苗切碎。
2. 鍋內加入5杯水與黃耆、茯苓小火煮20分鐘，加入糙米飯與高湯，再煮15分鐘，挑出茯苓及黃耆等藥材。
3. 將菇類全部加入作法2.的粥中，加鹽與美極鮮味露調味，再煮滾後撒入蒜末即可。

PS 菇類可隨意搭配，選幾種菇類混合即可。
若用市售高湯罐頭，不需要加鹽，否則會太鹹。

功效

抗老化及防癌，菇類具有驅除外來細胞及調節免疫能力的作用，同時也是多纖維的食物，含有豐富多醣體。

薑汁糯米粥 （2人）

 ## 材料

糯米2/3杯、糯小米1/3杯、茯苓5錢、老薑2兩

作法

1. 將老薑磨成泥後取汁備用（也可連渣使用）。

2. 將糯米加6杯水煮15分鐘，加入糯小米再煮10分鐘，加入磨好的薑泥即可。

PS 可將磨好的薑取汁使用，把薑渣丟掉，口感更棒，也可加入紅糖或冰糖食用，加入少許薑可改善噁心的現象。

薑汁糯米粥

功效

健脾胃、止嘔吐、和中益氣、消水腫，對孕吐嚴重的孕婦，有改善及補充體力、預防水腫的功效。

薑汁糯米粥

蜜棗薏仁美白粥 （2人）

 材料

蜜棗8粒、薏仁3兩、糙米1/2杯、天門冬5錢、當歸1.5錢

作法

將薏仁、糙米洗淨後與蜜棗、天門冬、當歸等加入6杯水，放入電鍋或電子鍋中烹煮1小時即可。

PS 也可加綠豆改善火氣大、青春痘，或加紅豆改善水腫，或用紅薏仁都可。

蜜棗薏仁美白粥

功效

美白肌膚及調節經量少或經期不順，使膚色有光澤及白皙，常加食用可改善黯沉膚色。

蜜棗薏仁美白粥

大蒜海鮮抗老粥

大蒜海鮮抗老粥 (2人)

 材料

大蒜6粒、活蝦100g、鮮魷（透抽）100g、糙米飯2碗、
高湯2杯、胡椒粉少許、鹽1小匙

作法

1. 高湯加4杯水煮滾，加入糙米飯與大蒜拌勻，小火煮
   25分鐘。

2. 將鮮魷切十字細紋後切塊，蝦剪掉鬚的部份備用。

3. 將作法2.加入作法1.的糙米粥中加鹽、胡椒粉調味後
   煮至海鮮全熟即可。

PS 海鮮可用魚肉或鮮蚵來取代，糙米飯可用糙米來取代。

功效

蝦、鮮魷與糙米都含有硒元素，可抗老化、增
強調節免疫功能，糙米更可增進活力，幫助阻
斷癌細胞的成長，更有修護細胞能力。

枸杞山藥羊肉粥 （2人）

 材料

羊里脊肉片、鮮山藥各100g、糙米飯1.5碗、
鹽1小匙、薑末1小匙、酒10cc、高湯2碗 、
枸杞10g、黃耆、巴戟天各20g

作法

1. 將藥材加5碗水小火煮30分鐘，取出藥材中的黃耆與巴
   戟天不用。山藥切條狀備用。
2. 將糙米飯及2杯高湯加入作法1.的藥汁中拌勻煮滾後，
   加入羊里脊肉片及薑末、酒與鹽等再煮20分鐘。
3. 切條狀的山藥放入作法2.的粥中，再煮2分鐘即可。

PS 若小孩與老人食用可將山藥煮久一點，若是更年期或需要
補充荷爾蒙成分的發育期食用，山藥不需煮至全熟。

功效

溫腎補陽有強精壯陽功效，對體弱氣虛或貧血
的婦女朋友，也有很好的補養功效。

131

枸杞山藥羊肉粥

銀魚雜糧粥 (2人)

材料

銀魚、杏菜各80g、雜糧飯2碗、高湯2杯、鹽1小匙
石柱參15g、蜜棗4粒

作法

1. 將4杯水加2杯高湯混合後，加入雜糧飯與藥材，小火煮30分鐘。

2. 將洗淨的杏菜切段（或切細末也可），與小魚一起加入作法1.的粥中，加鹽調味即可。

PS 1.小魚不要挑選太白或太黃，太白有漂過，太黃也不新鮮，要選乾爽無腥味的最好。

2.杏菜又稱莧菜。

功效

雜糧粥含有豐富營養成分，可抗老防癌及溫暖身體，延年益壽，加入石柱參補氣、補血及預防衰弱更有功效，老人家食用更佳。

銀魚雜糧粥

黑豆糯米粥 （2人）

 材料

糯米2/3杯、黑豆半杯、高湯2杯、雞腿肉100g、
紅棗10粒、鹽1小匙、薑末1/2小匙

作法

1. 黑豆洗淨，泡水1小時後，加入高湯蒸60分鐘。

2. 糯米洗淨，加水及去籽紅棗煮成粥（約25分），加入
切片的雞腿肉煮熟後，加鹽及薑末調味。

3. 將蒸好的黑豆加入粥中，再煮2分鐘即可。

PS 黑豆烹煮時間需很久，可一次煮半斤，分裝冰起來使用較
方便。

黑
豆
糯
米
粥

功效

黑豆具有解毒與保肝功能，加上糯米補虛補
氣，幫助恢復疲勞，溫暖身體，改善虛冷體
質。

菟絲紫米粥

菟絲紫米粥 （2人）

 ## 材料

紫糯米2/3杯、甜豆仁50g、圓糯米1/3杯、黑豆50g、
干貝50g、高湯2杯、鹽1小匙 、菟絲子15g、杜仲30g、
蜜棗6粒

 ## 作法

1. 將藥材、黑豆與紫米加5杯水蒸1小時，挑出藥材不用。

2. 將糯米洗淨加入黑豆紫米中，再加入高湯及泡軟撕成絲
   的干貝，小火煮30分鐘。

3. 將甜豆仁及鹽加入作法2.中，再煮約2分鐘即可。

PS 1.黑豆與紫米烹煮時間較長，可以多蒸一些分小包裝冰凍
     使用，加入糯米可使粘性增加，口感較好。
    2.菟絲子用紗布袋包好再煮。

功效

預防腰酸及水腫，補充體力，對孕婦還可預防
流產，同時可以幫助男性強腎固精氣，男女都
可食用。

參耆南瓜粥 （2人）

材料

南瓜120g、雜糧飯1碗、山藥80g、高湯2杯、鹽1小匙、黃耆20g、黨參20g

作法

1. 將藥材加4碗水煮滾後，加入雜糧飯煮20分鐘。
2. 南瓜去籽切丁，山藥去皮切丁後加入作法1.的雜糧粥中，加入2杯高湯煮10分鐘，加鹽調味即可。

PS 雜糧飯也可用雜糧米取代，但烹煮時間要1小時。

功效

補氣、健脾，對糖尿病者及頻尿的朋友，都有改善功能，也是治療早洩或精氣不足的飲食。

參耆南瓜粥

荷葉綠豆粥 (2人)

🌾 材料

糯米3/4杯、綠豆1/3杯、綠豆仁1/3杯 、
乾荷葉2片（或鮮荷葉都可）

🍴 作法

1. 將荷葉洗淨加入6杯水，小火煮20分鐘，取汁備用。
2. 將糯米及綠豆、綠豆仁洗淨後，加入作法1.的荷葉
   湯汁，小火煮30分鐘（可加冰糖或當一般粥食用）。

PS 荷葉鮮品不易買到，乾荷葉可在一般中藥店或雜貨店買
   到。

功效

夏季暑熱傷人脾胃，容易中暑，可多加食用荷
葉綠豆粥，有消暑、清熱、利尿、預防夏季熱
的功用，冰涼食用也可。

香菇鮑魚粥 （2人）

 ## 材料

白米1杯、智利鮑魚2粒、香菇4朵、高湯2杯、
高麗菜苗適量、塩1小匙

作法

1. 將白米洗淨，加入鮑魚湯汁，高湯及4杯水，小火煮20
   分鐘。
2. 將鮑魚、香菇切片，高麗菜苗切絲備用。
3. 將香菇、鮑魚片放入煮好的粥中煮5分鐘後，加鹽及高
   麗菜苗絲拌勻煮滾即可。

PS 智利鮑也可用罐頭小鮑貝或九孔鮑來取代，香菇厚一點香
氣足的較好，先泡水洗淨擠乾水分，加入高湯蒸過後，無
論煮湯煮粥或炒菜都適合。

功效

鮑魚含有豐富蛋白質及鈣質，可預防鈣質流失
及保護視力，同時含有大量牛磺酸，被稱為長
生不老的食物，加上香菇含有維生素D，對腦
神經及促進代謝功能，與維護頭腦及強化骨
骼、預防骨質疏鬆與抵抗病菌，都有很好的幫
助，也是修護細胞膜、預防中風的飲食。

香菇鮑魚粥

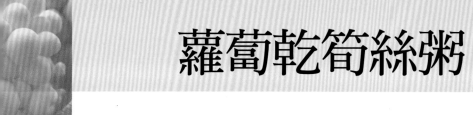

蘿蔔乾筍絲粥 （2人）

 材料

蘿蔔乾80g、綠竹筍120g、肉絲80g、蔥絲、
胡椒鹽各適量、高湯2杯、米1杯

作法

1. 將米洗淨，蘿蔔乾泡水後洗淨切條狀，竹筍去殼切絲。

2. 將米加入蘿蔔乾、水及高湯與4杯水，煮25分鐘成粥狀。

3. 將肉絲、筍絲加入作法2.的粥中，煮5分鐘即可加入胡椒鹽，食用時加入蔥絲或蒜苗。

PS 蘿蔔乾挑選晒乾的比較香，需泡水後沖洗才可洗淨細砂。

功效

消食積、助消化、開胃、通腸、淨化腸道及血液、預防肥胖，同時改善常常消化不良，食物積聚胃部的不適現象。

145

蘿蔔乾筍絲粥

豆漿馬蹄粥 （2人）

材料

豆漿2杯、白飯1.5碗、馬蹄80g、甘蔗節5個

作法

1. 將馬蹄切片，甘蔗節剖半，洗去渣渣。

2. 白飯加3杯水及甘蔗節煮10分鐘，加入豆漿及馬蹄再煮
10分鐘，取出甘蔗節即可。

PS 白飯也可用糯米取代，烹煮時間約20分，甘蔗節就是甘蔗
每段中間的節，口感較硬。

豆漿馬蹄粥

功效

清腸胃之火，脾胃燥熱，會有口乾舌燥或胃口
不佳、嘔吐的現象。夏季暑熱、燥邪、傷胃、
造成胸悶、便秘都可食用加以改善，常吃有解
毒淨化血液的功能。

五色牛肉粥 （2人）

 ## 材料

冷凍蔬菜1/2杯、白米1杯、香菇2朵、高湯2杯、
牛肉100g、鹽1小匙、薑末少許

 ## 作法

1. 牛肉切碎末、香菇切丁備用。
2. 將米洗淨加4杯水煮20分鐘，加入高湯、切碎的牛肉與
   香菇丁煮10分鐘。
3. 將冷凍蔬菜加入煮好的粥中，煮滾加入薑末及鹽調味
   即可。

PS 牛肉可挑選里脊或炒肉絲用的部份。

功效

冷凍蔬菜、香菇與白米剛好五種顏色，五色入
五臟，各有不同的調理作用，可補充體力及幫
助發育，同時加上牛肉更有健腦補脾胃的效
果，發育中的小朋友可多加食用。

五色牛肉粥

山鮮鮮蚵粥 （2人）

🍚 材料

鮮山藥80g、鮮蚵100g、糙米飯1碗、枸杞20g、白飯半碗、
蔥絲、薑末各適量、鹽2小匙、酒5cc

🍴 作法

1. 將鮮蚵加入1小匙鹽拌勻後清水洗淨，山藥洗淨去皮切丁。

2. 米飯加4杯水煮15分鐘後，加入鮮蚵及山藥、枸杞與高湯再
煮5分鐘，加鹽及酒調味，最後加入蔥絲與薑末。

PS 1.洗鮮蚵時先用鹽抓一下，殘留的蚵殼較容易去除。
2.糙米飯與白米飯混合煮出來的口感較滑順濃稠。

功效

明目抗老化，強精氣，含有豐富鋅及硒，可補
充精力與旺盛代謝機能，也是助眠飲食。

山鮮鮮蚵粥

開陽匏瓜粥 （2人）

🍚 材料

開陽50g、匏瓜200g、米1杯、高湯2杯、大蒜5粒、
鹽1小匙、胡椒粉適量

🍴 作法

1. 將開陽泡冷開水後倒掉水分，匏瓜去皮及瓜籽部份，
切成細條狀。

2. 將米洗淨後加入高湯及4杯水煮2分鐘後，加入開陽與
蒜片、匏瓜絲等，再煮10分鐘，加鹽及胡椒粉調味。

PS 開陽可挑大一點的，但顏色不要太鮮艷，才不會買到添加
化學品的貨色。

功效

含大量的磷、鐵、鈣及醣類，可強化骨骼與牙
齒，預防骨質疏鬆，是老少皆宜的粥品，匏瓜
不加開陽換成肉絲時，還有清熱解毒、預防夏
季瘡毒的功效。

開陽莿瓜粥

薏仁蛤蜊絲瓜粥 （2人）

 材料

大薏仁1杯、白米2/3杯、絲瓜300g、薑末少許、
鹽1小匙、高湯2杯、蛤蜊150g、酒少許

作法

1. 將薏仁加水洗淨加5杯水煮25分鐘，取汁煮白米20分鐘。

2. 絲瓜去皮切薄片，蛤蜊吐沙後洗淨備用。

3. 將作法2.加入作法1.中，加入高湯及鹽、酒、薑末等煮約
5分鐘即可。

PS 1.蛤蜊如果沒有吐沙煮粥時，萬一有含砂的蛤蜊就會破壞
掉一鍋好粥，可以先用刀子耗開來看看，是否有砂或是
死蛤蜊，以免破壞粥品的美味。
2.煮過的薏仁可拿來與綠豆煮成甜品消暑又美白。

功效

通便、利濕氣、美白，通乳腺，同時也可疏緩
產婦乳腺發炎疼痛，更是改善皮膚黯沉的飲
食。

薏仁蛤蜊絲瓜粥

白果芡實糯米粥

白果芡實糯米粥 (2人)

材料

白果、芡實各80g、糯米2/3杯、黃耆20g、紅棗8粒、
山藥粉1大匙

作法

將所有材料洗淨加入6杯水,放入電鍋內燉煮約1小時。

PS 白果中藥房買乾品洗後,就可直接燉煮,紅棗要去籽,電
鍋外鍋用1.5杯水即可,在中藥房買半斤山藥代為磨成山藥
粉,可用來芶芡或泡牛奶食用。

功效

芡實、白果加山藥可治婦女脾虛引起白帶的症
狀,對男性早洩也有幫助,對老人家頻尿、尿
失禁也有收澀作用,加上黃耆與大棗,更增加
補氣補虛效果。

蔬果蛋黃粥 （2人）

 材料

胡蘿蔔、高麗菜苗各50g、蛋黃3粒、高湯2杯、米1杯、
鹽1小匙

 作法

1. 將米洗淨加入5杯水煮30分鐘〜40分鐘。
2. 胡蘿蔔切細末、高麗菜苗切細絲。
3. 將作法2.加入作法1.的粥中，加入高湯煮5分鐘，最後
   將蛋黃打散混合入蔬菜粥中，拌勻後加鹽調味。

PS 幼兒食用時煮粥時間久一些，如一般食用只需20〜25分鐘
即可，青菜可用菠菜或莧菜等取代。

功效

豐富的蛋白質與卵磷脂加上高湯的鈣質，對發
育中的小朋友有健腦、增加骨髓成長及視力的
保健。

茶飲常用特殊食材

羅漢果：含豐富葡萄糖，消暑、止渴、清肺化痰、潤喉爽聲、保護喉嚨。

石蓮花：消炎、解毒、增強肝、腎解毒功能，富含維生素C，保肝、消除疲勞。

珊瑚草：含豐富植物性膠質與纖維質，可通便潤燥，改變身體酸鹼質與維持血管彈性。

洛　神：含豐富維生素C、花青素與多酚，可消暑、利尿、抗發炎、消除疲勞及美白，預防脂肪囤積。

茶飲

喝茶的習慣，中國人比不上歐洲地區的國家來得盛行，其實喝茶並不是指泡茶葉才叫喝茶，花草茶、水果茶、藥草養生茶包沖泡的茶都可稱為茶飲，加上小點心，與好友一起共渡一個悠閒的下午茶約會，不也是抗壓解悶的方式嗎？

在崇尚天然食材與養生的風氣下，東方藥草風靡全球，有很多食材是食物也是藥材，如洛神加甘草、金桔或檸檬共煮（比泡的味道更濃），就是好喝又養顏美容的多C飲料；常需要說話的老師、專櫃小姐等，羅漢果茶或人參麥冬茶都有潤喉爽聲、增強體力與消除疲勞的功效。

如果氣血不順、睡眠不好，也可利用一些補氣血或安神解煩躁的中藥材煮來喝，若用水果或蜂蜜、果糖來調和飲品，可使風味更迷人。

其實中藥材也能泡出好喝的飲品哦，有些飲品還能快速改善身體一些不適的現象，多喝水可促進代謝及祛毒功能，好好利用茶飲吧。

黑豆養肝茶

材料

炒熱黑豆30g、紅棗2粒、薑末5g、紅糖10g

作法

紅棗去籽與黑豆放入500cc水煮滾，轉小火煮10分鐘，放入薑末及糖即可。

PS 黑豆炒至香氣溢出有爆裂聲音時即可放涼裝瓶。

功效

解毒、排汗、溫暖身體、利尿，紅糖可幫助燃燒排出脂肪，補血與礦物質。

雙花解毒明目茶

材料

菊花、金銀花各5g、綠茶1包、枸杞10g

作法

水500cc煮滾放入枸杞煮5分鐘，加入金銀花、菊花與綠茶煮滾熄火。

功效

消炎、降肝火、解熱毒、明目、減輕眼睛乾澀。

乾薑紅糖老茶

🌾 材料

乾薑5g、刺五加5g、紅糖15g、老茶（或紅茶、普洱茶也可）1包

🍴 作法

1. 水500cc煮滾加入乾薑、刺五加，小火煮10分鐘熄火。

2. 將茶包放入泡約3分鐘，取出茶包加入紅糖。

功效

改善手腳冰冷、血液循環不好、水腫虛胖、胃虛寒、利水，燃燒脂肪。

牛蒡枸杞茶

🥗 材料

牛蒡80g、枸杞10g

🍴 作法

牛蒡加水500cc煮5分鐘，加入枸杞煮5分鐘。

功效

溫暖身體、淨化血液、排除毒素、強肝、強精力。

羅漢果柿餅茶

 材料

羅漢果1/2粒、柿餅1粒

作法

水500cc加柿餅（切成4塊）煮10分鐘，加入羅漢果煮3分鐘熄火。

功效

羅漢果含豐富維生素A，降血壓、明目、除宿便、抗氧化。加入柿餅，可祛痰解虛熱改善及淨化體質。

多C菊花綠茶

🍚 材料

菊花5g、綠茶1包、金桔2粒、果糖10g

🍴 作法

1. 水350cc煮滾熄火加入菊花及綠茶浸泡3～5分鐘,瀝汁放涼。

2. 加入果糖及金桔汁飲用(可加冰糖)。

功效

抗老、消炎、掃除自由基、抗病毒及消脂,茶多酚與金桔多C是美容
聖品,加入菊花可降肝火。

補血潤膚茶

🍵 材料

黃耆25g、當歸5g、桂圓20g、紅棗3粒（去籽）、天冬15g、水800cc

🍴 作法

水800cc加入藥材小火煮30分鐘，取汁飲用（分早晚飲用）。

功效

補氣血淡化斑點，改善膚色黯沉，貧血頭暈、臉色蒼白。

雙根冬瓜茶

材料

冬瓜皮200g、白茅根（乾品）20g、蘆葦根15g、紅糖15g、
水600cc

作法

水加入冬瓜皮及白茅根、蘆葦根等小火煮30分鐘，取汁加糖飲用。

PS 白茅根用鮮品時需要100g

功效

涼血、消炎、改善尿道疼痛、膀胱炎及尿血。

玄米綠茶

材料

糙米1/3杯、綠茶1包

做法

將糙米放鍋內炒至金黃色，與茶包一起放壺內滾開水燜10分鐘飲用。

玄米綠茶

功效

降血糖、抗老化、安心神、清除自由基及防止肥胖。

山楂洛神茶

 材料

山楂15g、洛神10g、冰糖60g、水600cc

 **作法**

水600cc加山楂及洛神煮滾，小火煮10分鐘，取汁加入冰糖飲用，冷熱皆宜。

功效

消暑、防血脂肪過高、祛瘀血及淨化血液，保護肝功能正常。

神清益智茶

🌾 材料

西洋參10g、麥冬10g、紅棗3粒（去籽）、白果50g、水1000cc

🍴 作法

加入所有藥材煮20分鐘，取汁當茶飲用。

功效

增強腦力、維持體力，增加記憶功能與清晰思考力，消除疲勞，冬季時把西洋參換高麗參，盛夏時流汗太多加玉竹10g。

首烏黃精茶

 ## 材料

何首烏20g、鉤藤10g、沙苑子10g、枸杞、薑精各10g、水600cc

作法

水600cc加入藥材煮（小火）20分鐘，取汁分二次飲用（早晚）。

功效

腰膝無力、筋骨僵硬、腰痠背痛等老化現象都可服用。

黃耆茯苓消腫茶

🍚 材料

黃耆20g、茯苓10g、薑皮5g、車前子10g、紅棗4粒、水800cc

🍴 作法

水800cc加入藥材煮20～25分鐘,取汁分二次飲用(早晚)。

功效

妊娠水腫、疲倦、尿不順、氣不足,虛喘、腳水腫、身體水分滯留引起症狀,都可改善(女性的經期水腫也可飲用)。

車前決明子奶茶

🌾 材料

炒過決明子50g、車前子10g、牛奶100cc、果糖10cc（冰糖也可）

🍴 作法

將水500cc煮滾放入決明子及車前子煮滾即熄火，泡約10分鐘，加牛奶及果糖飲用（決明子炒至香味溢出有爆裂聲即可）。

功效

養肝、明目、降肝火、降血壓、通便利尿。

果汁常用特殊食材

甜菜：抗老化，補血養肝，合多酚糖類、維生素與花青素，對抗身體一些發炎症狀及增強體力與精力。

荸薺：可清熱生津、開胃消化、潤燥化痰、清音明目，含維生素C、維生素A原，能抑制皮膚色素沉著。

果汁

果汁可加入蔬菜或堅果類來補充營養不均的飲食習慣，營養健康均衡的果汁，最好連渣一起飲用，才可攝取到充分的纖維質與完整的養分，有些食材分生食與熟食，對人體的功效不同，平常當熟食食用的食材，拿來製作成果汁飲品時，往往有很好的口感與療效。

季節性的蔬果在人體上有很不錯的保養作用，如秋季的梨與柿子潤肺化痰，夏季的瓜果消暑、清熱。像甘蔗汁冷熱都適宜，可取代成糖漿來使用，是提供身體淋巴系統營養液的很好食材。

善用食材，以巧手料理可變化出不同養生價值的飲料。體質寒涼的人可在果汁中加入溫性食材如葡萄、酪梨、薑片、芹菜、桂圓、荔枝等，來綜合蔬果汁的寒涼屬性，一樣可以達到養生保健的功效。

深綠色蔬果及柑橘類是胡蘿蔔素的重要來源，而胡蘿蔔素是抗氧化及預防老化與機能退化的營養素，可以保護正常細胞及對抗癌細胞，維他命A、E、C也都是抗老防癌食物，同時可預防感冒與改善體質，所以，喝果汁時要用心去搭配食材，材料的清洗與保存也很重要，每日一杯蔬果汁，讓全家元氣百分百哦！

甜菜金桔汁

 材料

甜菜根50g、金桔3粒、蜂蜜10g、冷開水350cc

 作法

1. 甜菜去皮切塊加入蜂蜜與冷開水，放果汁機中打成汁。

2. 將金桔切半壓汁加入混合飲用。

PS 甜菜根在有機商店可買到，金桔如果連皮攪打會有苦味。

功效
補血、抗老、防癌、保持青春活力。

胡蘿蔔芒果汁

材料

胡蘿蔔、芒果各50g、冷開水350cc

作法

1. 胡蘿蔔切小塊。
2. 芒果去皮切塊後，放入果汁機中加入冷開水攪打成汁飲用。

PS 芒果可用水蜜桃或柳橙取代。

功效

通便、預防退化性疾病、抗老、清血。

綠色蔬果汁

 材料

蘿蔔嬰、苜蓿芽、花椰菜芽各10g、油菜30g、蘋果1/4粒、高麗菜50g、
檸檬汁10cc、蜂蜜15cc、冷開水400cc

 作法

1. 洗淨蔬菜類。

2. 蘋果去心切小塊後,全部材料放入果汁機中,攪打成汁飲用。

PS 芽菜可自行替換,也可加入堅果類食用。

功效
補血、抗老防癌、體內環保。

鮮茄C果汁

材料

小番茄6粒、洋香菜10g、腰果、核桃各30g、蜂蜜10cc、冷開水350cc

作法

1. 小番茄氽燙去皮，洋香菜洗淨。
2. 將所有材料放入果汁機中打勻，飲用。

PS 小番茄或大番茄用滾水氽燙時，加熱會使茄紅素較易釋放，搭配堅果的油更可被人體吸收。

功效

含豐富維生素C及葉綠素與鋅可消除疲勞，強化精力與活力，明目、強化肝功能與解毒能力，並防止攝護腺癌、乳癌與大腸癌、子宮頸癌等病變。

奇異果檸檬汁

 材料

黃金奇異果1粒、檸檬汁10cc、蜂蜜15cc、冷開水350cc

 作法

奇異果去皮、切塊,與檸檬汁、蜂蜜等放入果汁機中打成汁飲用。

PS 1.黃金奇異果也可用綠色奇異果取代。
2.檸檬可換成金桔汁。

功效

保肝、消除身體發炎現象,消除亞硝胺物質的貯存,可預防癌症的
產生並降低膽固醇。

五寶活力果汁 （2人）

材料

蓮藕、梨子、馬蹄各50g、西瓜200g、甘蔗汁500cc

作法

1. 將蓮藕洗淨、切塊。

2. 梨切塊、馬蹄去皮切塊、西瓜去綠皮，連白色部份一起切塊。

3. 材料放入果汁機中，再加入甘蔗汁打勻飲用。

PS 馬蹄不要買削好泡水的使用，買帶皮的較衛生，養分也較完整。

功效

改善及治療容易發炎的體質，如喉痛、尿道炎、發燒、痘瘡等，同時可美白、利尿、消暑解渴並改善燥熱體質。

香柚西芹汁

🥗 材料

甘草1.5錢、葡萄柚1粒、果寡糖15cc、西芹60g、冷開水300cc

🍴 作法

1. 甘草泡滾開水200cc，放涼，葡萄柚去皮切塊，西芹洗淨切塊。

2. 全部放入果汁機中打勻飲用。

PS 甘草可在中藥房買到，果寡糖也可用蜂蜜取代。

功效

降血壓、維持血管暢通及保護血管彈性。

甘草雙色蘿蔔汁

材料

甘草片1.5錢、胡蘿蔔、白蘿蔔各50g、蜂蜜（或麥芽糖）15g

作法

1. 甘草泡滾開水350cc，放涼取汁備用。

2. 胡蘿蔔、白蘿蔔洗淨連皮切塊與甘草水、蜂蜜一起放果汁機中打成汁飲用。

PS 有咳嗽時可加麥芽糖。

功效

口瘡發炎、乾咳、胃積熱、胃酸過多及消化不良都可改善。

潤腸鮮果汁 _{（2人）}

 材料

蘋果1/2粒、香蕉1根、鳳梨1/6片、黃金奇異果1粒、蜂蜜10g、冷開水500cc

 作法

1. 蘋果去皮切塊，香蕉去皮切塊，鳳梨切塊，奇異果去皮切塊。

2. 全部材料放入果汁機中打勻飲用。

PS 蘋果去皮才不會造成便秘。

功效
通腸利便、清宿便、抗老化、美白，對腸子蠕動不良有改善作用。

塑身鮮果汁

🥗 材料

大黃瓜60g、蘋果1/2粒、洋菜5g、A菜葉30g、柳橙2粒、冷開水350cc

🍴 作法

1. 洋菜先泡水至軟切小段，大黃瓜去籽切塊，柳橙去皮切塊，蘋果去籽後
切塊，A菜洗淨切段。

2. 全部材料放入果汁機中打勻飲用。

PS 洋菜一定要泡軟才打得散，並可增加飽足感。

功效
降低饑餓感，預防醣分轉換成脂肪的貯存，常喝也可美白及改善過
胖體形。

石蓮花珊瑚汁

 材料

石蓮花50g、梅粉5g、珊瑚草15g

🍴 作法

1. 珊瑚草泡水10小時後，洗淨，用滾開水沖洗一下備用。

2. 石蓮花、珊瑚草與梅粉一起放入果汁機中，加入350cc水，打成汁飲用。

功效
通便、降血壓、促進鹽分排出及塑身。

地址： 　　　縣/市　　　鄉/鎮/市/區　　　　路/街

　　　　段　　巷　　弄　　號　　樓

廣　告　回　函
臺灣北區郵政管理局登記證
北 台 字 第　7945　號

三友圖書有限公司 收

235 台北縣中和市中山路二段327巷11弄17號5F

三友圖書
讀者特惠區

為了感謝三友圖書忠實讀者，只要您詳細填寫背面問卷，
並郵寄給我們，即可免費獲贈1本價值320元的《夢幻蔬菜料理》

數量有限，送完為止。

請勾選

☐ 我不需要這本書

☐ 我想索取這本書（回函時請附80元郵票，做為郵寄費用）

我購買了　　**林秋香の湯水護一身**

❶個人資料

姓名 ＿＿＿＿＿＿＿ 生日 ＿＿＿ 年 ＿＿＿ 月　教育程度 ＿＿＿＿ 職業 ＿＿＿＿

電話 ＿＿＿＿＿＿＿＿＿＿＿＿＿＿＿　傳真 ＿＿＿＿＿＿＿＿＿＿＿＿＿＿

電子信箱 ＿＿＿＿＿＿＿＿＿＿＿＿＿＿

❷您想免費索取三友書訊嗎？□需要（請提供電子信箱帳號）　□不需要

❸您大約什麼時間購買本書？＿＿＿ 年 ＿＿＿ 月 ＿＿＿ 日

❹您從何處購買此書？＿＿＿＿ 縣市 ＿＿＿＿＿ 書店／量販店

　　□書展 □郵購 □網路 □其他

❺您從何處得知本書的出版？

　　□書店 □報紙 □雜誌 □書訊 □廣播 □電視 □網路 □親朋好友 □其他

❻您購買這本書的原因？（可複選）

　　□對主題有興趣 □生活上的需要 □工作上的需要 □出版社 □作者

　　□價格合理（如果不合理，您覺得合理價錢應 ＿＿＿＿＿＿＿）

　　□除了食譜以外，還有許多豐富有用的資訊

　　□版面編排 □拍照風格 □其他

❼您最常在什麼地方買書？

　　＿＿＿＿＿ 縣市 ＿＿＿＿＿ 書店／量販店

❽您希望我們未來出版何種主題的食譜書？

❾您經常購買哪類主題的食譜書？（可複選）

□中菜 □中式點心 □西點 □歐美料理（請說明）＿＿＿＿＿＿＿＿＿

□日本料理 □亞洲料理（請說明）＿＿＿＿＿＿＿＿＿

□飲料冰品 □醫療飲食（請說明）＿＿＿＿＿＿＿＿＿

□飲食文化 □烹飪問答集 □其他

❿您最喜歡的食譜出版社？（可複選）

□橘子 □旗林 □二魚 □三采 □大境 □台視文化 □生活品味

□朱雀 □邦聯 □楊桃 □積木 □暢文 □耀昇 □膳書房 □其他

⓫您購買食譜書的考量因素有哪些？

□作者 □主題 □攝影 □出版社 □價格 □實用 □其他

⓬除了食譜外，您還希望本社另外出版哪些書籍？

□健康 □減肥 □美容 □飲食文化 □DIY書籍 □其他

⓭您認為本書尚需改進之處？以及您對我們的建議？＿＿＿＿＿＿＿＿＿

林秋香の湯水護一身

作者/ 林秋香
發行人/ 程安琪
總策劃/ 程顯灝
總編輯/ 陳惠雲
主輯/ 李燕瓊
編輯/ 宋詩盈
美術設計/ 洪瑞伯
出版者/ 旗林文化出版社有限公司
地址/ 106台北市安和路2段213號17樓之1
電話/ (02)2377-4155
傳真/ (02)2377-4355
E-mail 信箱/ service@sanyau.com.tw

總代理/ 三友圖書有限公司
地址/ 台北縣中和市中山路二段327巷12號B1
電話/ (02)2240-5600
傳真/ (02)2240-5707
E-MAIL/ sanyau@sanyau.com.tw
郵政劃撥/ 05844889 三友圖書有限公司

總經銷/ 吳氏圖書股份有限公司
地址/ 台北縣中和市中正路788-1號5樓
電話/ (02)3234-0036
傳真/ (02)3234-0037

新加坡/ 諾文文化事業私人有限公司
地址/ Novum Organum Publishing House (Pte) Ltd. 20
Old Toh Tuck Road, Singapore 597655.
電話/ 65-6462-6141
傳真/ 65-6469-4043

馬來西亞/ 諾文文化事業私人有限公司
地址/ Novum Organum Publishing House (M) Sdn. Bhd.
No. 8, Jalan 7/118B, Desa Tun Razak, 56000
Kuala Lumpur, Malaysia
電話/ 603-9179-6333
傳真/ 603-9179-6060

初版/ 中華民國 2006年12月
定價/ 新臺幣420元
ISBN-10/ 986-7545-96-6（平裝）
ISBN-13/ 978-986-7545-96-1（平裝）

國家圖書館出版預行編目資料

林秋香的湯湯水水護一身 / 林秋香著. -- 初
版 -- 臺北市 ；旗林文化，2006〔民95〕
面： 公分.
ISBN 978-986-7545-96-1（平裝）
1.食譜
427.1   95021736